珍藏版

爬行与两栖动物

壁虎、林蛙和巨蜥

[德] 雅丽珊德拉·里国斯 / 著　赖雅静 / 译

航空工业出版社

方便区分出不同的主题！

真相大搜查

16

一只青蛙起飞了！你能想象世界上有会飞的青蛙吗？

10 两栖动物是变身高手

符号箭头▶代表内容特别有趣！

9

前肢有 5 个足趾——我是爬行动物！

4 从水中到陆地

18

生活在黑暗中的美西钝口螈。

学习源自好奇　科学改变未来

第一辑·全10册

第二辑·全10册

第三辑·全10册

第四辑·全10册

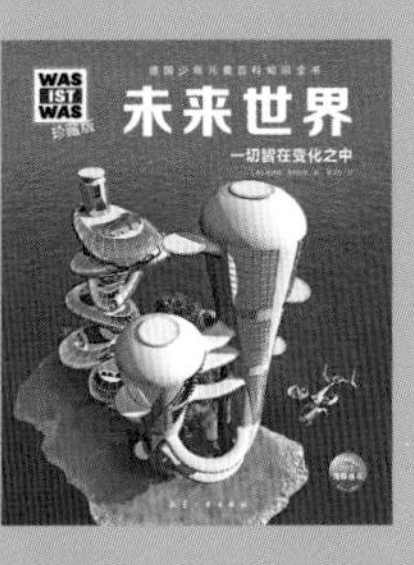

第五辑·全10册

第六辑·全10册

第七辑·全8册

"黏"在墙上的壁虎。

46

在显微镜下找找看，这些穿着"鳞片装"的是什么动物？

34 鳞片护身占优势

雨林里喜欢搞怪的家伙——变色龙，它们为什么要改变肤色？是怎样做到的？

43

24 一身盔甲防御天敌

24

这种远古鳄鱼叫帝鳄，生活在亿万年前的白垩纪，身体最长可以达到 12 米！

48 名词解释

重要名词解释！

爬行动物和两栖动物为什么令人着迷？

纪念照：这只林蛙就是作者雅丽珊德拉童年时在加拿大拍摄的。

许多蛇类（上）和蜥蜴（左）全身覆盖着绿色鳞片，非常美丽。

我从小就对蛙类、蟾蜍和其他两栖与爬行动物感兴趣，它们特别吸引我。我们家附近的小池塘里就常常有青蛙“呱呱”地叫。当我们到南方度假时，我总爱观察在暖和的石头上晒太阳的蜥蜴，它们的动作相当敏捷。有时在旅馆的房间里，也会发现一只躲在浴室镜子后面的壁虎。12 岁那年，我在加拿大露营时拍到了一只体型娇小的林蛙，并把这张照片一直保留到现在。

长大以后，我依然深深为这些动物着迷，有的动物甚至在自家花园里就能见到。我们家的花园紧邻一处沼泽，里面居住着各种各样的动物。

喜欢栖息在树上的美洲鬣蜥。

和绿海龟面对面。

捕捉雨蛙的身影

夏末时节，我随时都能见到蟾蜍宝宝在草地上蹦蹦跳跳。有一次在拔草时，一条水蛇从我双脚间溜过。在采摘苹果时，我还无意中捉到了一只雨蛙。堆肥里躲着许多盲蛇蜥，我还曾经在纸板下发现了至少 8 条呢！

这些动物有一部分虽然是司空见惯的，但对我来说，它们依然非常独特。

为什么？因为爬行动物和两栖动物无论是外貌还是行为，都和哺乳动物截然不同，而我们人类也属于哺乳动物。有时我会觉得爬行与两栖动物简直就像是外星生物，不过这种想法显然太荒谬了，它们生活在地球上的时间可比人类要久远多了。爬行动物和两栖动物是很早就生活在陆地上的脊椎动物。

但如果你以为这些古老的动物是低等动物，可就大错特错了！它们所拥有的巧妙技能，例如伪装、战斗和迅速攻击等，总是让我惊叹不已。不仅如此，它们甚至会做出我们认为只有高等动物才会做的事：例如某些青蛙爸爸会细心照顾它们的宝宝，鳄鱼有时会合作捕食，海龟则能在大海里认定目标前进。

学习爬行动物

有时我会突发奇想：人类这种哺乳动物，说不定并不比爬行或两栖动物优越！毕竟它们从远古时代就历经无数次的生存战争并存活了下来，鳄鱼和蝾螈的祖先比恐龙更早生活在地球上，而现代鳄鱼也已经在地球上存活了 8000 多万年。和它们相比，人属的远古人类则要到距今 250 万年前才出现。没有人能确定 7750 万年后人类是否还存在。不过，或许我们可以从爬行与两栖动物身上学习到一些生存技巧。

你知道吗？

除了南极洲，各个大洲都有爬行动物和两栖动物。爬行动物喜欢温暖的阳光，所以在较为寒冷的地区种类相对较少，但热带地区的蛇和蜥蜴种类就非常繁多。某些两栖动物虽然受得了相当低的温度，但还是在温暖地区种类最多，热带雨林里有着多达数百种蛙类。

什么是两栖动物？

两栖动物的肺像一个囊袋：蛙类把空气从鼻孔吸到嘴里再压入肺部，这种呼吸方式被称为吞咽式呼吸或口咽式呼吸。

表示两栖动物的英文单词“amphibian”源自古希腊语，意思大概是“过着双重生活”——两栖动物指部分时间生活在陆地上，部分时间生活在水中的动物。两栖动物是最早登陆的脊椎动物之一，它们在大约3.6亿年前由肺鱼演化而成。肺鱼能用像四肢一样的鳍在水底爬行，它们有鳃也有肺，在干旱季节即使没有水也能存活一段时间。所有陆生脊椎动物，包括人类，都是从肺鱼演化而来的，而这种远古生物有些还一直存活到现在。

不能没有水

两栖、爬行动物和哺乳动物不同，从湿润、光滑、黏黏的皮肤就可以清楚地看出，它们原本是生活在水中的。两栖动物不喝水，通过皮肤吸收水分。另外，它们也用皮肤呼吸，为了保持皮肤湿润，大多会避免阳光照射，它们喜爱阴阴凉凉、类似森林地面的地方，而且大多属于夜行性动物。

两栖动物也需要在潮湿的地方繁殖后代，它们会像鱼类一样产卵，这些卵对湿度非常敏感，所以两栖动物大多在水中产卵，有的则将卵产在潮湿的泥地里。这些滑滑黏黏的卵会孵化成幼体，幼体和成体的外观往往截然不同，例如蝌蚪就不像蹦蹦跳跳的蛙类，反而比较像鱼。

神奇的变态

两栖动物必须经过令人惊讶的变化，才能长为成体，这种变化叫作“变态”。两栖动物和爬行动物同属变温动物，人们习惯叫它们“冷血动物”，这种说法并不完全正确。两栖动物不像哺乳动物那样维持固定的体温不变，它们的体温会随着环境的温度而改变，某些蛙类和有尾目动物还能忍受恶劣的环境。甚至在一些温度为0℃左右的地区，也能见到两栖动物的身影！

两栖动物的皮肤湿润又透气，表面往往布满疣粒，部分呼吸是通过皮肤进行的。

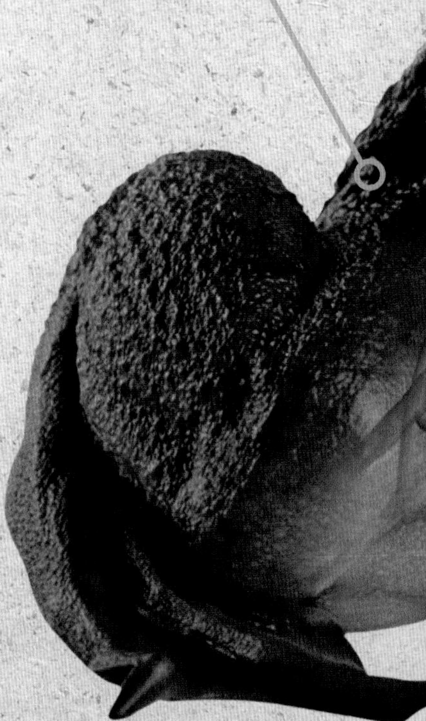

不可思议！

小心，有毒！蛙类、蟾蜍与蛇不同，它们没有毒牙，它们的毒藏在皮肤里！两栖动物的皮肤柔软湿润，如果没有抗体保护，细菌和霉菌就会大量繁殖。例如热带箭毒蛙身上耀眼的皮肤就非常危险，皮肤是它们防御敌人的武器。欧洲的蛙类或蟾蜍也很危险，如果你不小心把它们的分泌物揉进眼睛里，是会使眼睛发炎的。所以，摸过两栖动物后，别忘了仔细把双手洗干净。

蛙类是“近视眼”，通常只能看到移动的物体，不过它们拥有绝佳的工具可以猎捕昆虫，甚至能察觉到从后方来的天敌。

两栖动物颅骨扁平，骨骼构造相当简单，比如蛙类就没有肋骨和尾巴。

没有鸣囊就没有“呱呱”声：蛙类能让咽喉上的皮囊鼓胀，从而发出响亮的声音。但许多两栖动物并没有这种扩音机，只能发出细微的“唧唧”“啾啾”声。

两栖动物的心脏由两个心房和一个心室组成。从肺部流过来、富含氧气的血液，和从身体其他部分流过来、经过使用的血液，两者会在心脏里混合。

所有两栖动物与其他脊椎动物的祖先，长得就像这条非洲肺鱼一样。

根据前肢可以区分两栖动物和爬行动物。两栖动物的前肢只有 4 个足趾。

什么是爬行动物？

爬行动物是由两栖动物进化而来的，但爬行动物多了几步重大的发展，这让它们更能适应陆地上的生活。爬行动物不再需要靠近水域生活，这主要是因为它们身上的鳞片能够使皮肤避免干燥，并且能像骑士的铠甲一样，保护自身免受伤害。这种鳞片和我们的指甲类似，都是由角质组成的。角质是一种没有生命的物质，因为角质鳞不会随着身体的生长而生长，所以蛇和蜥蜴在成长过程中必须蜕皮。鳄鱼和龟则有着由骨板组成的厚壳。

杰出的“发明”：蛋（卵）

除了有鳞片保护以外，大自然还赐予爬行动物另一种实用的“发明”，那就是蛋（卵）。鱼卵和蛙卵由富含水分、黏滑的物质组成，爬行动物的蛋则有一层石灰质的硬壳包覆。蜥蜴和蛇的蛋虽然不像鸟蛋那么坚硬，但爬行动物的蛋壳至少能保护蛋，不像蛙卵那么敏感、容易损毁，所以爬行动物在干燥的地方也能繁殖。两栖动物的幼体会变态为成体，蜥蜴蛋则会孵化出外表和父母相似的迷你蜥蜴。

利用阳光取暖

爬行动物和它们的两栖类祖先同属变温动物，但它们不必担心皮肤过于柔软，反而能懒洋洋地晒太阳，这样做就可以直接利用太阳的能量使身体变暖。哺乳动物则需要利用自身一大部分的能量才能保持身体温暖，这也是哺乳动物必须比爬行动物多吃许多食物的原因之一。

许多爬行动物十分强壮，对生活的要求也不高，因此生活领域能扩展到许多地区。除了极地以外，到处都有它们的踪迹。恐龙这种爬行动物甚至统治地球1亿多年，直到一场惊天动地的自然灾害导致它们灭绝，哺乳动物才有机会崛起。

世界纪录

9800种

有这么多种已知的爬行动物生活在地球上！在物种繁多的脊椎动物家族里，爬行动物的数量仅次于鱼类和鸟类，位居第三。两栖动物大约有7200种。

蛇与蜥蜴的一个显著特点是舌头分叉。舌头是它们的感觉器官，能把气味分子传送到上颚。

虽然鳄鱼的脑部还不如一颗核桃大，但鳄鱼的本领却不容小觑，它们的学习能力非常强。

爬行动物要抵抗陆地上的重力，所以它们的骨骼比两栖动物的骨骼更加稳固，也更坚硬。

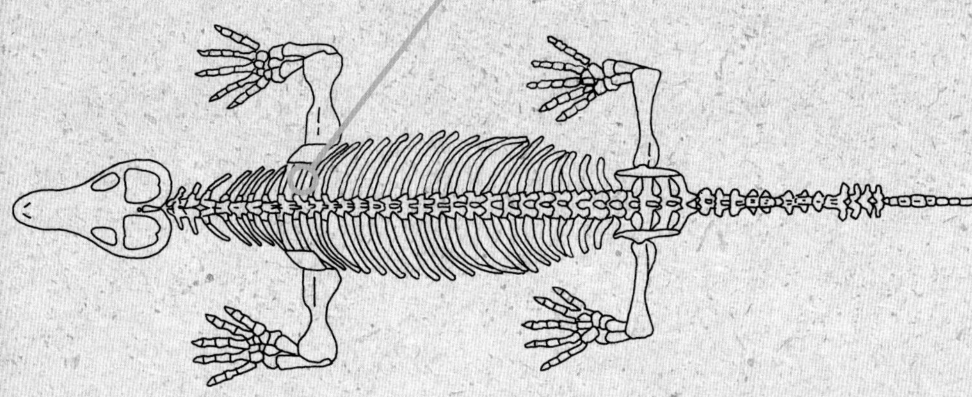

爬行动物的蛋有着具备保护作用的坚硬外壳，因此它们能在陆地上繁殖。

爬行动物和两栖动物不同，它们只用肺来呼吸。蜥蜴的肺功能不强，因此很快就会筋疲力尽。

蜥蜴体表遍布着坚硬的角质鳞片，这是它们环境适应能力很强的原因之一。

爬行动物的四肢长在体侧，其中蛇与蛇蜥的四肢已经完全退化了。

通常来说，爬行动物的前肢和后肢各有五趾，趾端有爪。许多种蜥蜴都很擅长攀爬。

蜡皮蜥身体表面没有鳞甲，但身体构造类似鳄鱼。

从恶心动物到气象蛙

大蟾蜍虽然外表丑了点，但绝对不是什么妖怪。

在青蛙王子的童话故事里，青蛙帮助公主把金球从井里捞了上来，公主却对青蛙一点都不好。如今，我们却觉得青蛙很有趣，不但被电视节目“大青蛙布偶秀”里的科米蛙逗得哈哈大笑，还有人给电视节目里的气象学家起了个昵称叫“气象蛙”。青蛙的形象非常可爱，就连清洁剂和儿童面霜也喜欢用它们作广告，所以我们很难想象，从前的人居然认为青蛙很恶心。对童话故事里的公主来说，亲吻一只青蛙，就像要吃下十几只毒蜘蛛一样恐怖呢！

邪恶的怪物

蛙类的皮肤黏滑，有时还长着疣粒，眼睛外凸，看起来非常古怪，加之它们又喜欢在阴暗的角落、泥地或沼泽地区活动，这些特点就足以让从前的人讨厌它们，把它们当成恶魔一样的动物了。据说巫婆会用蟾蜍的黏液熬煮毒汁和魔法膏药。直到如今，在德语里还以“吞蟾蜍”来形容一个人不得不接受某种极度厌恶的事。不过，两栖动物的恶名主要来自基督教，《圣经》里就曾提到，蛙灾是埃及十灾中的一灾。但在欧洲以外的

不可思议！

虽然我们不用惧怕蛙类，但是吃掉它们还是会让人觉得恶心！不过，直到现在，欧盟国家里所谓的美食家们，一年还是会吃掉多达4600吨的蛙腿，这就表示必须有2亿只蛙类为此丧命！这些蛙类大多是在印度尼西亚的稻田里捕捉的，许多捕食昆虫的蛙类大大减少。

你知道吗?

欧洲树蛙是受到保护的动物，人们再也不能把它们装在玻璃罐里用来预测天气了。人们认为它们爬上梯子就代表会有好天气，这种想法本来就是一种迷信。不过，天气暖和的时候，欧洲树蛙的确较常停留在树枝或植物茎秆上，因为这个时候它们爱吃的昆虫也飞得比较高。

大部分地区，蛙类却是一种幸运物。尤其是在水资源缺乏、人们年年渴盼降雨的地区，由于蛙类总是在雨季出现，因此便成了丰饶的象征。

另外，蛙类从蝌蚪变态为四条腿的动物，许多地区的人因此认为青蛙具有神奇的魔力，古埃及人甚至崇拜蛙头神呢！在北美洲，蛙类更是一种力量强大的图腾生物，被人们当作保护神。

中美洲的玛雅人认为蟾蜍能带来好运。

在"青蛙王子"的童话故事里，恶心的青蛙变成了英俊的王子。

少了科米蛙，"大青蛙布偶秀"会变成什么样子?

这只青蛙王子是不是很可爱? 很难想象从前的人居然会害怕青蛙!

有趣的事情

蟾蜍响叮当

古人认为三脚蟾（金蟾）是妖精，会吞下月亮，造成月食。而民间多认为三脚蟾能招财，许多商家都喜欢在商店里摆放一只嘴里叼着铜钱的招财蟾蜍。

蛙类的一生

雄性青蛙有两个鸣囊。

雄性雨蛙只有一个鸣囊。

蛙类和其他成熟后的两栖动物一样，以昆虫等动物为食。昆虫是它们最喜爱的食物，但它们也爱吃蜘蛛等节肢动物、蠕虫和腹足纲动物。一些体型较大的蛙类，例如牛蛙，甚至能吃下幼鸟和小型的啮齿目动物。捕捉猎物时，体型较大的蛙类大多耐心蹲守着，等待昆虫接近，一旦发现有不小心闯入禁地的猎物经过，它们就专注地追捕。蛙类虽然近视，但在近距离内却看得非常清楚，等到最佳时机一到，它们的舌头立刻像子弹一样弹射出来，将昆虫黏住，接着迅速送入嘴里。蛙类的舌头加速时，比火箭的速度快 12 倍，整个过程非常迅速，我们的眼睛根本来不及细看。

呱呱大合唱

蛙类不仅动作敏捷，叫声也非常响亮 。当求偶季节来临，这些花园池塘里的“小伙子”总会此起彼伏地合唱，这让许多人都无法忍受。但不管怎样，雄蛙都得向雌蛙展现谁是最强、最英俊的一个!

蛙类的气囊，也就是所谓的鸣囊，相当于它们的扩音器。青蛙嘴边有两个鸣囊，雨蛙像气球一样的鸣囊则长在咽喉处。并非所有蛙类都会“呱呱”叫，有些会发出“唧唧”“啾啾”的叫声。铃蟾的叫声更特殊，是高低起伏的“呜呜呜……呜呜……”。如果雌蛙被雄蛙的歌声打动，雄蛙就会爬到雌蛙背上，紧紧抱住对方，这时雌蛙会排出卵块，雄蛙则排出精子让卵块受精。对绝大多数蛙类来说，传宗接代的任务到此结束，它们的后代必须自力更生。

缓慢的新陈代谢

在比较寒冷的地区，两栖动物到了冬天会进行“冬眠”，这时它们的新陈代谢变得非常缓慢，可以不进食，并且只呼吸少量的空气。某些蛙类甚至能在池底的淤泥里过冬——这时它们用皮肤吸收氧气就足够了。不过，大部分的蛙类和蟾蜍会在陆地上寻找一处安全的地方过冬，把自己埋在地洞里、躲到落叶堆内或是搬到废弃的鼠洞里。

世界纪录

7毫米

这是阿马乌童蛙从头部到后腿的长度。它们不仅是体型最小的两栖动物，也是最小的非寄生脊椎动物！直到2009年，这种迷你动物才在巴布亚新几内亚被人发现。体型最大的蛙类则是非洲的霸王蛙，这种蛙的体长可达40厘米。

蝾螈的卵会一个个黏附在水生植物上（上），蛙类的卵则聚成一团（右）。

大蟾蜍产下管状的卵带，雄蟾蜍在雌蟾蜍背上，立刻让卵受精。

好厉害的跳跃！遇上这只动作矫捷的青蛙，可怜的豆娘根本逃不过它那黏黏的舌头。

知识加油站

- 无尾目约占两栖动物的 90%。
- 蟾蜍科和铃蟾科都属于无尾目。
- 另外还有两类两栖动物，分别是有尾目和没有脚的无足目。有尾目主要包括蝾螈、大鲵和小鲵。

奇妙的变态

1 受精卵漂浮在水面上。

2 幼体开始在卵内发育成长。

3 经过几天后，可以辨识出尾巴和鳃。

4 幼体在黏滑的卵囊里动个不停。

5 视温度高低而定，平均10天左右就会孵化出蝌蚪。

6 蝌蚪不断成长，这时外表很像一条鱼。

7 外鳃消失在皮肤褶皱下。

8 后肢末端已经可以辨识出来。

9 后肢已经完整成形。

10 长出前肢和后肢的蝌蚪，外表已经相当接近成蛙。

11 长长的尾巴逐渐萎缩。

12 只有身体末端小小的尾巴残留，还有蝌蚪的影子。

13 经过大约3个月，幼蛙就可以离开水面了，并且开始用肺呼吸。

14 从现在起要好好成长。

15 两三年后，林蛙便完全长成，并且性成熟了。

在池塘中、水坑里，甚至原始森林中贮存水液的漏斗状植物里，都有可能出现两栖动物的踪迹。除了少数例外，两栖动物的生命大多从水中开始，如果通过延时摄影来看，它们从幼体到成体的发展过程就和亿万年前的祖先一样：从像鱼一样的生物转变成两栖动物。例如蝌蚪没有腿，而是像鱼一样用力摆动尾巴游动，并且用鳃呼吸，后来慢慢变为成蛙。

里里外外大变身

幼体的蝌蚪在变为成体前的几个星期里，身体上会发生非常大的变化，这种变化被称为“变态”。它们苗条的前半部分身躯会变胖，从尾根长出一对后肢。经过一段时间以后，前肢也长出来，尾巴则逐渐萎缩。蝌蚪体内的变化虽然不像外表那么明显，却也非常剧烈。初期在体外的外鳃逐渐转到体内，最后完全萎缩，与此同时肺也开始运作。此外，整个消化系统也必须改变，因为蝌蚪主要以植物为食，成长为两栖动物后的蛙类却吃其他动物。

不只是无尾目动物会经历变态的过程，有尾目也会。但有尾目动物幼体和成体的外表相似度很高，它们的特征在于扇形的外鳃。变态的过程会持续多久，要视种类与温度而定。德国林蛙完成变态所需的时间大约是 10 到 12 周，另一些则不急着长大，例如北美牛蛙，它们幼体的阶段会持续两三年。

蟾蜍为什么要迁移？

蟾蜍生活的地方离水域较远，为了产卵往往得走上一段遥远的路程。它们一般从 3 月开始出发，而雄蟾蜍往往在途中就会寻找配偶，让雌蟾蜍背着它们到有水的地方！蟾蜍移动的速度非常缓慢，偏偏它们行走的路线又经常通过马路，所以许多蟾蜍会被汽车辗死。一些动物保护人士在蟾蜍通行的路线上设立低矮的防护篱，沿着防护篱每隔几米就埋进一个桶。因此，当蟾蜍沿着防护篱行进时，就会“扑通”一声掉进这些容器里，动物保护人士就可以带着它们安全地通过马路。

在前往产卵的水域和返乡的路上，有数不清的蟾蜍被汽车辗死。

防护篱拯救了无数蟾蜍的生命。蟾蜍在经过这里时会落进桶中，这样动物保护人士就能带着它们安全通过马路了。

不可思议！

凡事都有例外：某些两栖动物不产卵，它们的幼体先在母亲体内完成变态，再由母亲直接产下宝宝。阿尔卑斯蝾螈就是这样，因此它们能适应高山地区严酷又干燥的生活环境。另外一个例子是新西兰的始蛙，它们虽然也产卵，从卵里孵化出来的却不是幼体，而是已经发育完成的小始蛙。

无尾目里的奇特成员

黑掌树蛙

谁说脚只能用来走路？生活在东南亚雨林里的黑掌树蛙长着奇大无比的脚蹼，能当作滑翔翼使用。它们经常在树木之间滑翔，一次最远可达 20 米！

草莓箭毒蛙

两栖动物很少有父母照顾下一代的行为，草莓箭毒蛙是少数的例外，雄蛙和雌蛙都会照顾宝宝。雄蛙每天都会从自己的泄殖腔排出液体，确保在陆地上产下的卵保持湿润。等到蝌蚪孵化出来，雌蛙则会把蝌蚪逐一背到积水的树洞或植物根部的水洼里，然后用自己没有受精的卵来喂养它们。

可怕的金色箭毒蛙

这种生活在哥伦比亚的蛙类颜色鲜艳，但它们并不怕因此招来捕食者——因为它们拥有自然界最剧烈的毒，印第安人甚至把它们的毒涂抹在吹箭顶端。这种小型杀手的有毒分泌物来自它们所吃的食物，不过直到目前我们依然不清楚，这种物质来自哪些昆虫。在容器里人工饲养的金色箭毒蛙经过几个月以后就会失去毒性。

库氏掘足蟾

沙漠里也有蟾蜍？没错！这种分布于美洲的物种即使在干燥的环境里也能存活，因为它们整年大多埋藏在地表下约 1 米的地方，直到暴雨降临，才会把它们从藏身的地方引诱出来。这时库氏掘足蟾的生活就如同按了快进键一般：从掠食、交配到产卵，所有过程都好像在比速度，在不到两周的时间里，幼体就从卵里孵化出来并且发育为成蟾。等到泥水坑干涸了，它们就躲回地表下面。

胃育蛙

这种生活在澳大利亚的蛙类喜欢把自己的后代吞下肚：雌蛙把受精卵吞下去以后，蛙卵就会释放出一种物质使胃酸停止分泌。这表示母蛙得禁食一段时间，直到蝌蚪在它的肚子里孵化并且发育为幼蛙为止。可惜的是，在人类发现这种独一无二的小动物不久之后，它们就灭绝了。

产婆蟾

栖息在欧洲的产婆蟾不会把卵产到水里就不管，反而会很周到地照顾自己的下一代。交配后，雄蟾会把长长的卵带缠绕在后腿上带着走，等到卵孵化了，它们才会离开宝宝，返回潮湿的环境。

神秘的有尾目动物

成熟的无尾目动物没有尾巴，有尾目动物则终生拖着一条尾巴，而且外表依然和3.6亿年前最先登上陆地的两栖动物十分相似。有尾目动物主要有蝾螈、大鲵和小鲵等。大鲵和小鲵通常生活在水中，但有些也生活在陆地潮湿地区。无论陆栖或水栖的蝾螈都喜爱潮湿的生活环境，而且为了产卵都会进入水中。有尾目动物给人的感觉似乎比蟾蜍和蛙类更加神秘，也许这是因为它们相当罕见的缘故。从前甚至有人以为蝾螈生活在火中，实际上它们却喜欢潮湿的环境。但也有人认为蝾螈又湿又冷，所以能够灭火，“火蝾螈”这个名称就来自这种传说。

世界纪录

1.80米

这是人类捕捉到的最大的中国大鲵的长度，中国大鲵堪称两栖动物中的“巨人”。可惜这么大的大鲵可能再也见不到了，因为人类把它们当成桌上的佳肴，中国大鲵已经快要灭绝了。

这个发型很酷吧？不过，这可不是头发，而是我的鳃哦！

美西钝口螈也被称为“六角恐龙”，是墨西哥的特有物种。

永远长不大的动物

抛开这些迷信和传说不提，有尾目动物中确实存在着一些奇特的物种，例如有些像彼得·潘一样永远不肯长大的蝾螈！在这些“永葆青春”的蝾螈中，最著名的便是美西钝口螈！这种蝾螈栖息在墨西哥寒冷清澈、永不干涸的火山湖里。它们为什么一定要上岸呢？它们宁可保留鳃部，并且以幼体的形态在水中繁殖。只有在被人类注射激素后，美西钝口螈才可能经历变态过程，继续成长为正常的成体。

医生的学习对象

科学家对美西钝口螈特别感兴趣，因为美西钝口螈失去的部分肢体可以重新长出来，就连部分头脑也能重新形成，所以医生们希望有朝一日能利用这种特点来治疗伤员。如今，世界上有成千上万只美西钝口螈在实验室或水族箱里游动，只可惜它们在大自然里几乎已经灭绝了。

欧洲的洞螈也同样终生维持幼体的形态，这种淡粉红色的有尾目动物生活在黑暗的洞穴里，视力逐渐退化，但它们却和鱼一样拥有侧线，侧线由排列在体侧、对压力非常敏感的感觉细胞组成，可以帮助洞螈感受到水波的运动。

你知道吗？

什么是“无足目动物”？许多生活在温带地区的人从来没有见过无足目动物。因为这种没有脚的两栖动物通常只在热带国家才看得到。两栖动物包括无尾目、有尾目和无足目，无足目动物栖息在隐蔽的地面下，即使是生物学家对它们的了解也不多。1920 年，美国学者爱德华·泰勒发现某种新的无足目动物时，一开始还以为那是一条蚯蚓呢！

加州红腹蝾螈既可爱又危险，它们会分泌剧毒。

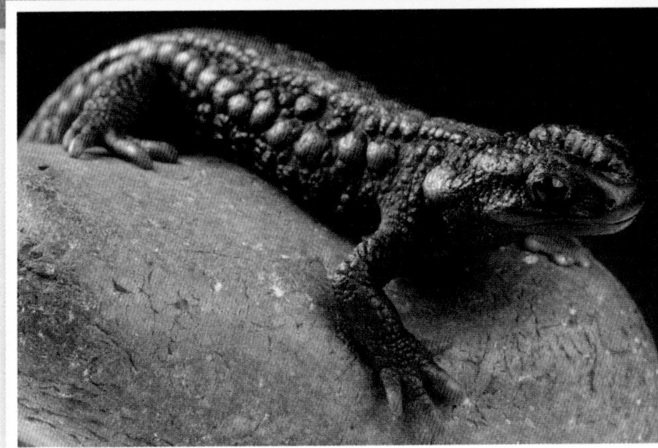

这种栖息在中国的棕黑疣螈，漂亮的外衣上彷佛点缀着红色珍珠。

洞螈虽然没有视力，却能像鱼一样，利用侧线在水中辨识方向。

你认识这些两栖动物吗？

火蝾螈

如果想见到火蝾螈，最好趁着雨后到欧洲山毛榉林里漫步，这时原本喜欢夜间出没的火蝾螈也会在白天现身。在感到舒适的环境里，它们往往会成群出现。每只火蝾螈身上醒目的图案各不相同，但都是在宣告着："别碰我！"火蝾螈分泌的毒液非常有效，所以它们几乎没有天敌。

林　蛙

终于有一种比较常见的两栖动物了！林蛙的显著特征是眼睛旁边暗色的三角形。灰褐色的林蛙无论白天还是夜晚都可能外出活动，叫声比栖息在池畔的绿色林蛙微弱许多。林蛙通常从4月起就会前往潮湿的地方，然后雌蛙会在水域底部产下大大的卵球，卵球里面的卵最多可达4000颗。

欧洲滑螈

这种体型娇小的变身高手，会利用鳍状的皮肤褶边游泳，雄性欧洲滑螈还会以缀有斑点的身躯和锯齿状的尾巴来炫耀自己。但等到交配的季节结束，欧洲滑螈回到陆地上时，它们的外表就会变得不起眼，有些人甚至会误以为它们是蜥蜴。

青　蛙

事实上，青蛙的叫声真的很吵。可是，大自然里如果少了青蛙岂不是美中不足吗？好在青蛙并不挑剔，就连土坑、水缸，甚至防水膜表面的小水洼它们都能接受。严格来说，青蛙并不是指某种特定的蛙类，而是一些小型蛙和湖蛙的混称。因此，同样是青蛙，外表差异却可能极大，这要看它们的爸爸妈妈是谁。

多彩铃蟾

它们的背部并不起眼，腹部却很鲜艳。多彩铃蟾会用灰褐色的背部做伪装，万一这样还是被天敌发现了，它们就露出黄黑交错的腹部作为警告。多彩铃蟾有一种较罕见的近亲，身体上缀有红斑。多彩铃蟾体长大约只有 4 厘米，它们是一种非常原始的无尾目动物。

大蟾蜍

这种体型壮硕的两栖动物比较常见，无论在树林、草地还是花园里，都有可能见到它们的踪影。白天它们躲在石头、落叶或树枝底下，等到黄昏时才外出捕食。大蟾蜍以蠕虫、蜘蛛、昆虫和蜗牛为食，难怪园丁特别欢迎它们。

经过人类裁弯取直的河川地区并不适合两栖动物栖息。

你知道吗？

存活在世界上的物种越来越少，在脊椎动物中，物种减少最严重的就是两栖类。两栖动物同时栖息在水中与陆地上，最容易受到环境破坏的影响。这些例子包括：许多地区的沼泽经过排水变成旱地，河川被裁弯取直，草地上建造了房子，农药等污染物也很容易通过两栖动物的皮肤进入体内。雪上加霜的是，不久前两栖动物还遭受了某种致命真菌病的威胁。

保护两栖动物可以这样做

两栖动物的前途似乎很黯淡。不过，其实每个人都能为生存受到威胁的两栖动物做点事。在一些国家的城市里，通常设有从事蟾蜍、蛙类、有尾目和其他稀有动物保护工作的生态保护组织，组织里的人会开辟池塘、整理现有的水域，还会设立并管理蟾蜍防护篱。

打造生态花园的方法

如果家里或附近有花园，你就有机会自己动手。过于整齐干净的花园无法为两栖动物提供躲藏的地方。相反地，落叶、枯木或石块堆却是它们理想的栖身地点。杀虫剂对动物有害，最好不要使用。

为了让两栖动物有一个舒适的家，水是不可或缺的！池塘越大越好，如果没有，可以铺设防水膜，几平方米的小水池也能吸引青蛙前来。不过，水池里不能养鱼，因为鱼会吃掉两栖动物的卵。如果家长不希望花园里有水池，可以询问他们能否打造一座迷你水池。打造迷你水池需要的各项物品，可以从出售园艺造景材料的商店购买。

自己打造迷你水池

黑三棱

杉叶藻

睡莲

你需要的东西：

1 把铲子

1 小袋适合水池使用的泥土

1 个金属盆或塑料盆

1 个水平仪

1 根粗枝

2~3 桶沙石

2~3 种水生植物（例如黑三棱、杉叶藻或睡莲等）

2~3 个花盆（用来栽种水生植物）

1 个洒水壶

方 法：

1 寻找一处阳光充足的位置，最好周围有植物环绕。在那里挖个坑，坑洞要能放得下金属盆（或塑料盆）。在坑底铺上一层沙石并踩实。放置盆子时可以用水平仪调整，使之保持平稳。

2 在金属盆（或塑料盆）底部铺上几厘米厚的沙石。

3 往花盆里倒入适合水池使用的泥土，将植物栽种进去。

4 把种好的植物放进金属盆（或塑料盆）里。接下来需要准备方便两栖动物离开水盆的东西。迷你水池使用的盆子边缘太陡，可能会使蛙类和蟾蜍溺死在里面。如果在盆子里摆放一根伸出水面的粗树枝，它们进出就会很方便。

你知道吗？

德国严禁从天然水域捞取蝌蚪或两栖动物的卵！所有的两栖动物在德国都受到法律保护。

5 最后用洒水壶将水池注满水，如果能加入一桶从附近池塘里取来的池水就更好了。

远古时代的信使

鳄鱼是货真价实的远古动物，它们曾经和恐龙并存于地球上，只不过最早的鳄鱼和如今潜伏在水中的鳄鱼相似的地方不多。当时的鳄鱼是动作敏捷的陆地动物，至少能偶尔用两条腿奔走，有些以植物为食，有些甚至属于恒温动物。鸟类是恐龙的后代，它们的体温也不会因为外界环境温度的改变而改变。虽然我们把鳄鱼列为爬行动物，但鳄鱼最近的亲戚却不是蜥蜴或龟，而是鸟类！直到大约 6600 万年前白垩纪结束以后，远古鳄鱼才又返回到它们的祖先（也就是两栖动物）一度离开的水中，并且再次成为变温动物。从那时候起直到现在，鳄鱼再也没有多少改变。

知识加油站

- 鳄鱼大多生活在淡水中，只有咸水鳄能在海中优游。它们游泳技术高超，甚至能游到公海区。
- 短吻鳄大多栖息在美洲，稀有的扬子鳄除外，扬子鳄是中国特有的一种鳄鱼。凯门鳄与短吻鳄有亲缘关系。
- 长吻鳄科只有恒河鳄一种，恒河鳄口鼻部狭窄，栖息在印度和尼泊尔等国家的少数河川中。

巴拉圭凯门鳄

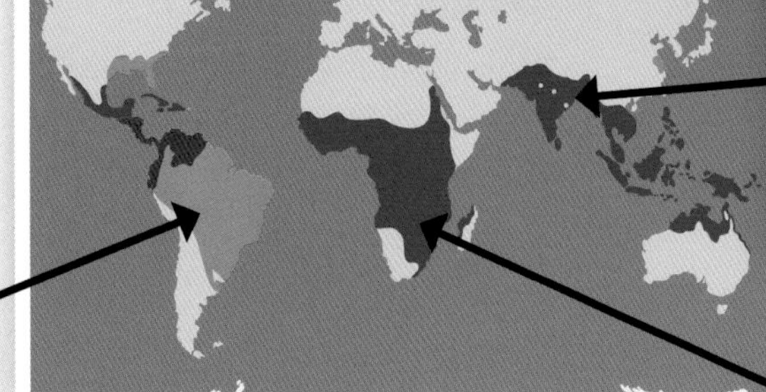

短吻鳄与凯门鳄的主要分布地区

鳄科动物与短吻鳄的家乡

鳄科动物的生活地区

长吻鳄仅存的生活地区

恒河鳄

尼罗鳄

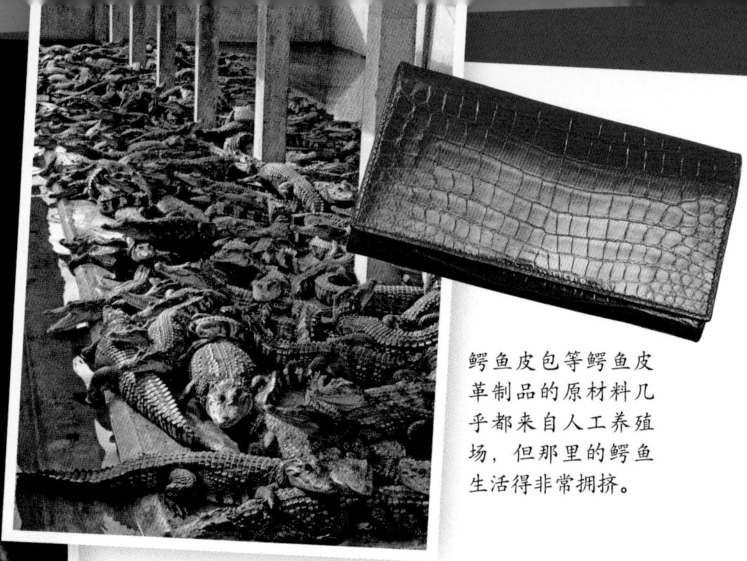

鳄鱼皮包等鳄鱼皮革制品的原材料几乎都来自人工养殖场，但那里的鳄鱼生活得非常拥挤。

现代鳄鱼

如今我们把鳄鱼分为鳄科、短吻鳄科与长吻鳄科，鳄科类遍布在热带地区。鳄鱼擅长长时间潜水，它们的颚能像门一样将咽喉关闭起来，即使在水面下，只要将鼻孔露出水面，它们也能呼吸，它们的鼻孔就像呼吸管一样长在长长的吻部前端。

披着盔甲的巨兽

现代的鳄鱼背上都长有角质骨板，这层盔甲不仅具有保护作用，还是一种热交换器：背上的锯齿像太阳能集热器一样，能吸收阳光，使鳄鱼的身体暖起来。但即便是这样，它们还是需要许多热能，因此现存的 20 余种鳄鱼大多生活在热带地区，只有某些短吻鳄能暂时忍受冰点以下的酷寒。

成年的鳄鱼几乎没有任何天敌，只有人类杀得了它们。人类杀它们可能是出于恐惧，或者是为了取得它们的肉或皮。20 世纪，各种鳄鱼几乎都因人类的猎杀而濒临灭绝，如今所有种类的鳄鱼都受到保护，只有在少数获得允许的情况下才能猎捕。少数几种鳄鱼的数量已经有所恢复，例如咸水鳄，但其他种类（比如如古巴鳄、恒河鳄等）却还面临着可能灭绝的命运。

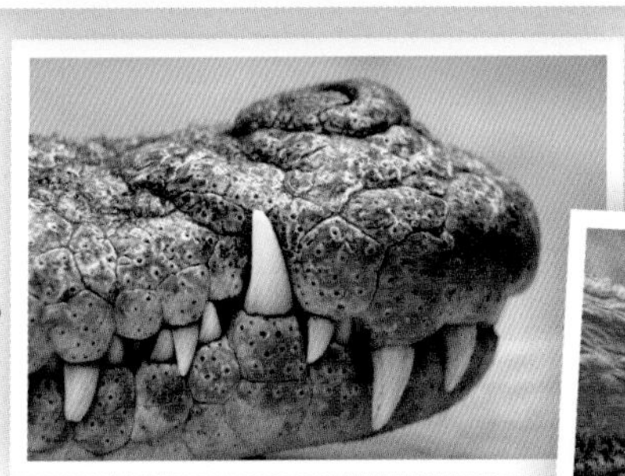

生活在白垩纪的远古鳄鱼——帝鳄，体长可达 12 米！

短吻鳄的下颚并没有突出的牙齿。

鳄科动物的下颚有一对突出的利牙。

鳄鱼——危险的捕食者

角马在群体的保护下渡河。

咸水鳄能从水面弹跃而起。

从甲虫到体型巨大的角马，凡是能吃到的动物鳄鱼都吃。它们喜欢寻找浅水区或是陆生动物常来饮水的地方，在水面下耐心守候，等到猎物足够接近时，看似笨重的鳄鱼就迅速扑过去，将它们捉住。某些鳄鱼，例如咸水鳄，甚至能够跃出水面，张嘴咬住水面上的动物！它们将强壮有力的尾巴用力一甩，身体就腾空而起。

幼鳄一开始以昆虫为食，后来吃鱼和两栖动物。鳄鱼不仅会吃动物腐尸，甚至会吃自己的后代。因此，在成年鳄鱼聚居的地方，幼鳄总是很难顺利长大。难怪在自然界里，我们很少见到不大不小的鳄鱼，因为鳄鱼在长得足够大以前，为了避免被自己的亲戚当成食物，它们都会躲起来。

团结合作，共同捕食

某些鳄鱼的捕食手法非常聪明，例如尼罗鳄会合力捕食。它们的方法是：当一群角马或斑马过河时，往往先由一只尼罗鳄将单个猎物逼离同伴，再将猎物驱赶到

2 鳄鱼把一匹角马从群体中逼赶出来，再从后方接近它的猎物。

3 鳄鱼咬住角马的口鼻部，将它拉进水里。

其他尼罗鳄那里。接下来这个可怜的猎物就会被咬住，并被拖到水面下溺死，最后变成鳄鱼们的大餐。

丑陋的吃相

犹如棘刺般的利牙虽然是鳄鱼的绝佳武器，却不适合撕咬或咀嚼食物。为了将大型猎物的肉分成适合食用的大小，它们运用的是一种相当恐怖的方法，被称为“死亡旋转”：鳄鱼将牙齿刺进猎物身躯中，接着在水中旋转，直到有一块肉被拧下来，再一口吞下肚。某些鳄鱼，例如尼罗鳄和咸水鳄，身强体壮、动作敏捷，甚至能轻松攻击人类，每年都有数百人因此丧命。但另一方面，鳄鱼也能拯救人类的生命。原因是在鳄鱼灭绝的地区，大型的掠食性鱼类会迅速繁殖，并且吃掉大量体型较小的鱼类，而这些以蚊子的幼虫为食、体型较小的鱼类一旦大量死亡，便会导致蚊虫大量滋生，结果不仅令人厌烦，也非常危险，因为蚊子会传播疟疾等疾病。

世界纪录

大约 **6.4米**

2011年，有人在菲律宾捕捉到一只长约6.4米的咸水鳄。这是一只“问题鳄”，被认为是吃人的嫌疑犯，因此菲律宾当局将这只50岁左右的雄鳄圈养到其他地方，成为吸引游客的亮点。

尼罗鳄几乎全身都躲在水面下，悄悄接近猎物。

不可思议！

不久以前科学家才发现，鳄鱼这种食肉动物也爱吃水果和坚果。在调查过的18种鳄鱼中，已经证实有13种经常吃水果，有人甚至亲眼见到一只美国短吻鳄吃了堆肥里一颗腐烂的水果。在此之前，科学家们一直以为鳄鱼无法消化植物性食物。

鳄鱼也是慈爱的母亲

说来令人难以相信，但是为了繁殖后代，鳄鱼的行为会和平时完全不同，这时候凶猛的掠食者会突然变成温柔的男伴或超级妈妈，它们会发出“咕咕”“轰轰”或“吱吱”声。在爬行动物中，鳄鱼是“话”最多的，而且远比其他爬行动物多，某些种类的鳄鱼会利用20多种声调互相沟通。鳄鱼没有声带，它们利用肺部制造各种声音。雄性美国短吻鳄求偶时会发出低沉的吼声，声音大到它背上的水会打转，远在几千米外的雌鳄也能听到这种“情歌”。一旦哪只雌鳄被求偶的叫声所吸引，雄鳄就会开始一场令人惊讶的、温柔的求偶行为，雄性短吻鳄甚至会用前肢温柔地抚摸它选中的新娘。

妈妈守着窝

受精后几个星期，雌鳄会用泥土和植物做窝，窝必须和水有一段安全距离，以免使蛋里的宝宝溺死。在小鳄鱼孵出来以前，雌鳄会守候在附近，如果有谁想偷蛋，鳄鱼妈妈就会愤怒抵抗“偷蛋贼”，保护自己的蛋。

用嘴搬运小宝宝

听到微弱的“呱呱”声，鳄鱼妈妈就知道时间到了，并且谨慎地把窝挖开。仅凭自己的力量,小鳄鱼是很难钻出地面的。接下来，许多种类的鳄鱼会做出令人难以置信的事情：雌鳄会轻柔地把宝宝含在大大的嘴巴里，将它们搬运到水中。有时小鳄鱼无法凭借自己的力量从蛋壳里钻出来，这时雌鳄就会灵巧地把蛋含在舌颚之间滚动，帮助小鳄鱼出来。一般来说，接下来几个星期鳄鱼妈妈会继续守护鳄鱼宝宝。遇到危险时，小鳄鱼会发出尖叫声求救，鳄鱼妈妈听到后会立刻赶过来。但总有一天小鳄鱼必须自力更生，日后它们如果再遇到妈妈，可就得当心了！

如果幼鳄无法自己钻出蛋壳，有时妈妈也会帮忙。

再过不久，这些尼罗鳄宝宝就不会这么可爱了！

不可思议！

南美洲的巴拉圭凯门鳄在幼鳄孵化出来以后，还会继续照顾它们一段时间。在委内瑞拉的某些地区，凯门鳄生活在小水塘里，雨季过后水塘会逐渐干涸，水塘里的鳄鱼就会变得过于拥挤。这时鳄鱼妈妈会逐渐离去，留下幼鳄给其他雌鳄照顾,而这些“鳄鱼保姆”也会对自己照顾的幼鳄视如己出。

一只龟的长途旅行

红海龟在海洋中交配。

美国佛罗里达州的一处沙滩突然出现动静，数十只、甚至数百只海龟宝宝努力挣扎着爬出来。它们没有时间喘气，因为到处都存在着危险，海鸟和滨蟹正准备捕食这些巴掌大的小动物，唯一比较安全的地方是大海。在爬向大海的途中，许多幼龟失败了。那些成功抵达的幼龟则会被海浪冲回来，一遍、两遍，最后终于把海浪甩在背后，游进宽广的海洋，脱离了海岸上的危险……

但在大海中也不安全，因此这些幼龟会和鱼类、海马与其他没有防御能力的海生动物，共同躲在由海藻和海草形成的浮动“筏子”下方。墨西哥湾暖流带着这片由植物组成的漂浮筏子，沿着一道汹涌而无形的“输送带”越过大西洋向北移动。这些幼龟是红海龟的宝宝，红海龟属于在演化历程中重返水域的脊椎动物。接下来它们终生都生活在海洋里，只有在产卵时，雌龟才会上岸。

你知道吗?

直到不久前，还有数不尽的海龟被人类杀死，人类利用它们的壳做装饰物或梳子，或者直接销售龟甲。

红海龟有着大大的眼睛、美丽的图案和类似鸟类的钩状喙，它们的头部很漂亮。

夜晚，雌龟把几十颗包覆着外壳的蛋产在沙坑里。

所有幼龟同时孵化，这样比较有机会逃避饥饿的天敌。等到它们逃入水中才暂时获得安全。

航向未知的领域

这段旅程有时也会因为它们寄居的草筏被卷入海水漩涡而中断。漩涡里聚集着无数的垃圾，饥饿的海生动物往往因为吞下这些塑料废弃物而痛苦死去。此外，残余的渔网也存在着致命的危险，每隔一段时间海龟就得浮出水面呼吸，每年都有成千上万只海龟因为被这些渔网缠住而窒息死亡。

经过一段时间以后，红海龟就不再需要海草的保护，长大到一定程度后，它们的壳就连鲨鱼也无可奈何。这时，除了人类以外，它们几乎没有其他对手了。

脑海里的航海图

红海龟随着洋流漂流，最后来到加拿大海岸，有时甚至漂流到苏格兰、亚速尔群岛和赤道附近。经过 20 多年的时间和 10000 千米的旅程，它们感觉到繁殖后代的时间到了，便开始动身返回幼年时的水域。经过这些年，它们的脑海里已经形成了一种航海图，地球磁场帮助它们在旅途上侦测方位，雌龟也会遇到包围它们的雄龟，并且和其中一只雄龟边游水边交配。交配之后便确定目标，返回它们自己当年被孵化出来的海滩。它们吃力地爬上岸，挖掘一个洞穴并在里面产卵，最多可达 200 颗。接下来，这些后代的命运就交给沙滩和大海了。

➡世界纪录

900千克

棱皮龟是现存7种海龟中的一种，它们喜欢吃水母，可以长到900千克重，体长可以超过两米，棱皮龟是体型最大的爬行动物之一。

塑料废弃物是海生动物的一大威胁。

整个旅程从美国佛罗里达州前往纽芬兰岛，经过亚速尔群岛再返回。

与象龟哈丽的对谈

无论是在动物园还是天然环境中，加拉帕戈斯象龟总是能吸引大家的目光。

哈丽，听说你是世界上最长寿的龟之一，这是真的吗？

啊，没有人真的清楚，我又没有出生证明。我被人家捉到的时候，不过才只有一个盘子大小，算起来当时大概是 6 岁吧。这样推算起来，2006 年我应该有 175 岁了。我的远亲，也就是住在印度加尔各答动物园里的阿德维塔，都活到 255 岁了呢！

你们这种巨龟，为什么能这么长寿？

嗯，这是你们人类很好奇的问题。我们的生活节奏不像你们那么匆忙，我们总是慢慢来，所以代谢也比较缓慢。还有，我们吃素，你也知道的，蔬菜是很健康的！当然啦，地球上也有生活方式和我们差不多却早逝的动物，也许原因在于我们的基因吧。

你怎么会长得这么大呢？

这也是一个没有人知道答案的谜题！全世界只有几座偏僻的岛屿，例如加拉帕戈斯群岛、塞舌尔群岛和阿尔达布拉环礁等，才有我们这种巨龟。有人认为，很久以前我们的祖先漂流到那些岛屿，由于那里没有我们的天敌，所以我们能够越长越大。

你的身材不算苗条……

是啊，我们巨龟的体重可以达到 300 千克，如果被人饲养甚至能长得更重。也正因如此，我们宁可慢慢来。

在 2006 年过世以前，象龟哈丽一直是大洋洲昆士兰动物园里的明星。它特别爱吃木槿花。本次访谈是在它过世前进行的。

你最后住在大洋洲的动物园，为什么会到那里去呢？

我是被人强行带过去的！你想想看，当时的水手们居然把龟当成食品带上船！这种做法甚至让我们在某些岛屿上的同类灭绝了，还好我侥幸逃过一劫。我应该是被人强行带去做科学研究的。

据说是伟大的生物学家查尔斯·达尔文亲自把你带去了英国？

我不记得这个人了，那时还有其他事情要烦恼。不过，如果我当时知道这个人会变得这么出名……总之，没错，达尔文确实收集了一些加拉帕戈斯群岛上的龟，听说后来他把我送给了朋友，而那个朋友后来移民到了大洋洲。但有些学者认为我是被一艘捕鲸船直接送往大洋洲的。

你在大洋洲过得好吗？

还可以。令人气愤的是，在我 125 岁生日以前，布里斯班那些笨蛋一直把我当成男生，老是要把我跟一些雌龟放在一起，其实后来我也没有生儿育女。不过，我在大洋洲至少可以无限量享用木槿花，在加拉帕戈斯群岛就没有这么美味的东西，在那里只能吃些草本植物和仙人掌。

有趣的事情

舌头的诡计

一只北美大鳄龟正在“钓”鱼。它把身体的一半埋在淤泥里，并且撒下随身携带的鱼饵：只需晃动那根细细长长、看起来像条虫子的舌头就行了。

我们都曾经幼小过——希腊陆龟也一样。

知识加油站

- 在演化的过程中，龟的肋骨、脊椎骨逐渐形成龟壳，某些龟甚至有关节，可以把龟壳合起来。
- 龟和鳄鱼一样，也曾和恐龙在同一时期发展。
- 龟大多是杂食动物，不过有的偏爱吃植物，有的偏爱吃动物。龟没有牙齿，但上下颚拥有鸟喙状、锐利的角质构造。

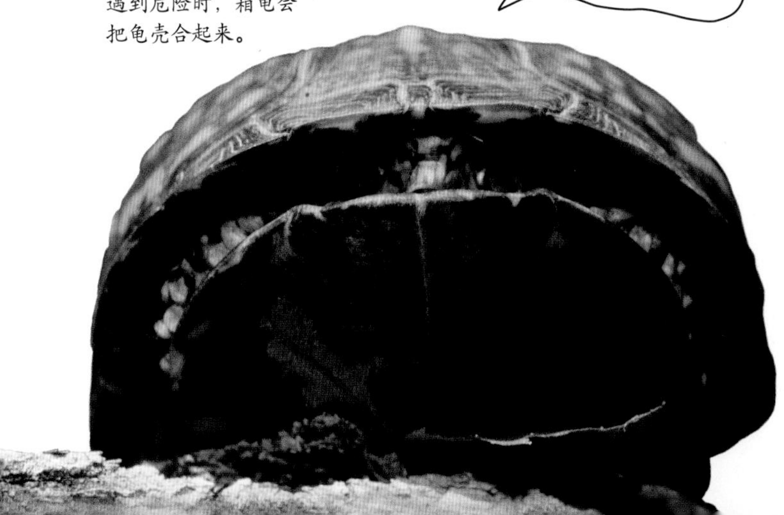

遇到危险时，箱龟会把龟壳合起来。

丰富多样的蜥蜴

世界永远属于年轻一代，这个道理也适用于爬行动物：历史悠久的种类已经没落，只剩下为数不多的几种海龟和数十种陆龟；除了这两类之外，比较年轻的第三类，也就是有鳞目，则发展出丰富多样的物种，蛇与蜥蜴都属于这个拥有数千种物种的生物大类！

龟和鳄鱼的体型笨重，动作就像装甲车一样迟缓；蛇与蜥蜴却大多像跑车般敏捷又灵巧，某些种类身上还披着色彩艳丽的鳞衣。不过，平时它们会使用保护色，就算在近距离也很难发现它们。有鳞目爬行动物身上没有骨板，所以它们的天敌很多，有些天敌甚至是自己的同类。

动作灵巧的捕食者

蜥蜴大多以其他动物，尤其是昆虫为食，蛇则主要吃老鼠等小型哺乳动物。所以这些爬行动物能控制害虫的数量，对人类有益。另外，有鳞目动物中也有吃素的种类和爱偷蛋的小偷。

爬行动物中的捕食者大多静静等候猎物。它们虽然能跑上一小段距离，但因为

眼斑巨蜥是少数能冲刺一段较长距离的爬行动物，它们甚至能追捕兔子。

多数海蛇的幼蛇一出生就生活在海里。

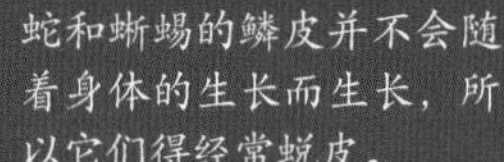

蛇和蜥蜴的鳞皮并不会随着身体的生长而生长，所以它们得经常蜕皮。

不可思议！

砂鱼蜥在沙地里能像鱼儿在水中一样游动！这种小型沙漠动物的“超能力”来自它们独特的鳞片：非常细微的纹路能避免沙粒黏附，也能避免皮肤粗糙，因此可以降低摩擦力影响，顺畅地在沙地里钻动。

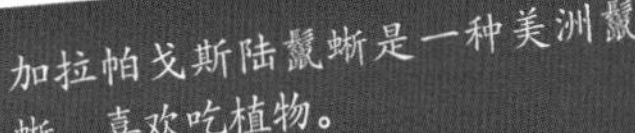

加拉帕戈斯陆鬣蜥是一种美洲鬣蜥，喜欢吃植物。

猴尾蜥生活在所罗门群岛，平常都生活在树上。

供应给身体使用的氧气并不多，所以很快就会没有力气了。

适应能力强

比较不同的是巨蜥，它们的呼吸效能较强，是动作敏捷、耐力佳的掠食者。澳大利亚的眼斑巨蜥甚至能用后肢奔跑，追捕飞奔的兔子。

蛇和蜥蜴与大多数爬行动物一样，它们“节俭度日”，可以度过困难的时期，难怪能成为沙漠中的霸主。在树上或海边沙滩、草原、沼泽地区，甚至地底下都能见到它们的踪迹，海蛇甚至适应了海里的生活。

适应不同环境与饮食方式的能力，是有鳞目动物成功的秘诀。和作风老派、顶着盾甲的亲戚相比，它们的应变能力要强得多。

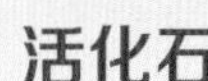

活化石

生活在新西兰的喙头蜥，名字里虽然有个“蜥”字，但它们和其他蜥蜴却不是亲戚，它们只有 1 科 1 属 2 种。这两种喙头蜥反而在鳄目、龟鳖目、有鳞目以外，形成现存爬行动物纲中的第四目，并且它们是某种早已灭绝的动物残留下来的、同时也是现存爬行动物中最古老的种类之一，2 亿 4 千万年以来一直保持不变！这种夜行动物的特点在于额头上的“第三只眼”，但这个类似眼睛的构造看不到影像，只能分辨明暗。

神秘的龙

在德国奇幻小说《永远讲不完的故事》（曾被改编为电影《大魔域》）中，白色的吉龙福维是一头温柔的巨兽。

维京人用令人望而生畏的龙头来装饰船头。

在人类的幻想中，神秘的龙无所不在。早在《圣经》和5000多年前苏美尔人的石材浮雕上，龙就曾经出现过。而德国中世纪叙事诗《尼贝龙根之歌》中的英雄西格弗里，也和圣乔治及奇幻小说《霍比特人》当中的主角比尔博·巴金斯一样，都和一头巨大的爬行动物发生过打斗。中世纪，国王的旗帜上有龙在飘动，维京人船头上的龙则令人望而生畏。如今，龙却成为童书中可爱的角色。中国人崇敬龙，认为龙力量强大，而且大多对人类友好；龙是权势、高贵、尊荣的象征，也主掌人间的降雨。美洲印第安人也同样相信世界上有龙：阿兹特克人崇敬被称为羽蛇神的魁札尔科亚特尔。就连生活在北极地区的因纽特人，他们所流传的传说中也有类似龙的角色——虽然那里不可能有爬行动物！

可怕的四不像

在许多西方传说中，龙都是引发混乱的邪恶角色，需要有人将它们打败。在基督教传统里，龙（和无害的蛙一样）是魔鬼的象征，人类很可能把所有自己畏惧的大自然元素都汇集在这个恐怖的形象里：蛇身、阴森恐怖的蝙蝠翅膀和猛禽的利爪，还长着鳄鱼或猫科猛兽的脑袋。在人们的想象中，这种四不像动物最后长成了庞然大物，而且会喷火，要不然就是像喷毒眼镜蛇一样会分泌毒液。

龙就是恐龙吗？

一直以来，人们总是惧怕蛇和鳄鱼，而且有其道理，难怪在恐怖生物“龙”的身上，总是能看到它们的影子。除此以外，化石很可能也是演变出龙信仰的原因之一。古人所画的龙有时真的很像恐龙，公元前300年左

墨西哥的阿兹特克人崇敬羽蛇神魁札尔科亚特尔。

在东南亚地区，寺庙前往往有龙、狮子或麒麟的形象守护。

右，有一位中国史学家甚至提到过恐龙的骸骨，并且认为那是龙的遗骸。

总之，人类很早就相信龙是真实存在的。直到 17 世纪，欧洲学者还写书探讨关于龙的知识。如今我们对恐龙已经有了相当程度的了解，而且我们也不需要再畏惧野兽，龙反而成了儿童心爱的玩偶了。

你知道吗?

体型巨大的科莫多巨蜥既没有翅膀也不会喷火，却非常符合西方传说对龙的想象。科莫多巨蜥体长可达 3 米，体重可达 70 千克，是世界上现存最大的蜥蜴。科莫多巨蜥大多分布在印度尼西亚的几座小岛上，主要是科莫多岛。它们爱吃动物腐尸，但也会捕捉猎物。成年后的科莫多巨蜥能杀死鹿和野猪等大型动物。直到不久前，科学家才发现这种巨蜥也有毒腺。

中国的龙虽然外表可怕，但是在国人心目中却是善良又睿智的动物。

《圣经》中提到天使长米迦勒屠龙的故事。

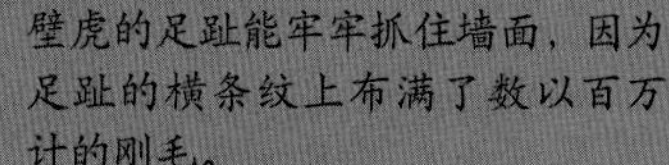
壁虎的足趾能牢牢抓住墙面，因为足趾的横条纹上布满了数以百万计的刚毛。

谁是有鳞目的明星？

攀爬高手

大壁虎和其他壁虎一样，都是攀爬高手。它们的足趾宽阔，上面布满数以百万计的微小“钩子”，因此能附着在平滑的表面上，即使是倒着从玻璃片上爬下来也难不倒它们。大壁虎生活在亚热带地区，是一种能在都市里生活的爬行动物。

美国的工程师模仿壁虎的结构，设计出能在光滑的玻璃或金属表面爬行的壁虎机器人。这个壁虎机器人叫“Stickybot”，“sticky”在英文里的意思是“有黏性的”。他接下来还要完成为人类设计的壁虎鞋。

毒液

蜥蜴通常不像蛇那样长有毒牙，也不会以毒液作为武器，但这种身体表面长着美丽花纹的吉拉毒蜥却是少数的例外。它们栖息在美国西部、南部和墨西哥某些地区，会制造毒性很强的毒液，主要用来防卫。为了使足够的毒液渗入敌手的伤口里，吉拉毒蜥必须持续狠咬对方，使对方无力反抗。

滑翔高手

飞蜥总是随身带着美丽的“滑翔翼”。这种小型动物属于飞蜥亚科，大约有40多种，主要生活在东南亚的雨林里。为了在树木之间跳跃，它们会展开由肋骨延长而成的翼膜，平均一次可以在空中滑翔20到30米远，偶尔甚至可达60米。它们体长只有20厘米，相对来说，这段距离真的非常远。

在深海里潜泳

海鬣蜥栖息在加拉帕戈斯群岛，能潜入深达 18 米的寒冷海域。这种鬣蜥需要的能量来自它们在海中所吃的食物，那些食物并不是美味的鱼，而是海藻，看来这又能证明多吃蔬菜的好处了。不过，如果缺少太阳的能量，海鬣蜥就无法行动，所以数十只海鬣蜥会成群聚集在礁石上晒太阳。

在水面上奔跑

双冠蜥又叫耶稣基督蜥，它们生活在拉丁美洲的雨林中。双冠蜥在被天敌追赶着逃命时，奔跑的速度不仅可以达到每小时 12 千米，还能在水面上跑 20 米远！这是因为它们的后腿生有很长的足趾，足趾皮肤上的褶皱展开时能扩大脚底面积，而且上面还有小小的气垫。

变装威吓

生活在澳大利亚的伞蜥平时看起来没什么奇特之处，但只要它们张开颈部的伞状薄膜，并且大张着嘴，立刻就成了可怕的怪物。想攻击它们的天敌，见到这样的架势，往往吓得落荒而逃。这个伞状物通常呈鲜红色或黄色，借助舌骨张开，直径可达 30 厘米，可以用来吓唬竞争对手。

蛇是美丽却危险的动物

根据蛇在沙地上留下的典型移动痕迹，可以看出它们的移动方式。

对于在土里钻动的生物来说，脚可能是一种麻烦。如果没有四肢的干扰，行动反而比较方便，所以有鳞目爬行动物中有好几类动物的脚都退化了。除了蛇以外，还有许多蛇蜥，包括盲蛇蜥也都没有脚。在土里蠕动爬行并且非常神秘的第三类有鳞目动物是蚓蜥，它们也和无足目类似，一眼看上去很像蚯蚓。当这些爬行动物持续钻地爬行时，蛇却返回地面生活。蛇身体上的一些变化使得它们没有脚也没关系，例如它们有毒——在没有脚的条件下和天敌作战，就需要化学武器来辅助。毒蛇只需要对准目标咬下去，接着不慌不忙地等待对手死亡就行了。

绿树蟒一动也不动，等待猎物上门。

身上长着美丽斑点的亚马逊树蚺是一种特别凶猛的蛇。

特殊的感觉器官

为了避免猎物在最后一刻逃脱，蛇拥有精巧的嗅觉：它们也像我们一样用鼻子嗅闻气味，此外它们还会利用分岔的舌头捕捉气味分子，并将其传导到第二种位于颚部的嗅觉器官。所以，当蛇抖动舌头时，就是在嗅闻气味！响尾蛇这种蝮蛇还拥有一种能感应热量的器官，可以利用红外线感应到附近发热的动物。

仿佛橡胶做成的身体

并不是所有的蛇都有毒，蚺蛇、蟒蛇等蛇类就用另一种方式制伏猎物：它们力量强大，能缠绕猎物，将它们勒死。蚺蛇、蟒蛇没有手和脚，无法将猎物肢解，于是干脆将猎物直接吞下肚。它们的颚关节能脱位，因此可以吞食比自己大得多的动物。一条大蟒能轻松吞下一整只鹿，整个过程需要几个小时的时间！

鼓腹蝰蛇立起上半身，露出毒牙来吓退敌人。

你知道吗?

蟒蛇是唯一一种能自己暖身的爬行动物。产下卵以后，雌蟒蛇不像多数的蛇或蜥蜴那样扔下卵不管，它们会缠绕着卵，像鸟类一样孵蛋，并且利用肌肉颤抖产生所需的热量。

不可思议！

位于西太平洋的关岛上有一种外来蛇类，它们使原来生活在岛上的12种鸟类灭绝。这种蛇在关岛没有任何天敌，因此大量繁殖、掠食。如今的关岛，每平方千米的面积上最多可达12000条这种褐色树蛇！由于现在的关岛几乎没什么鸟类生存，昆虫因此增多，并出现了许多蜘蛛。

这条蝮蛇成了鳄鱼口中的食物。

这只国王变色龙用敏捷灵巧的舌头捉住一只蝗虫。

变色龙

➡世界纪录

3厘米

枯叶侏儒变色龙是世界上最小的爬行动物之一，从头部到尾端只有3厘米长。它们只生活在马达加斯加西北海岸线上的诺西贝岛。

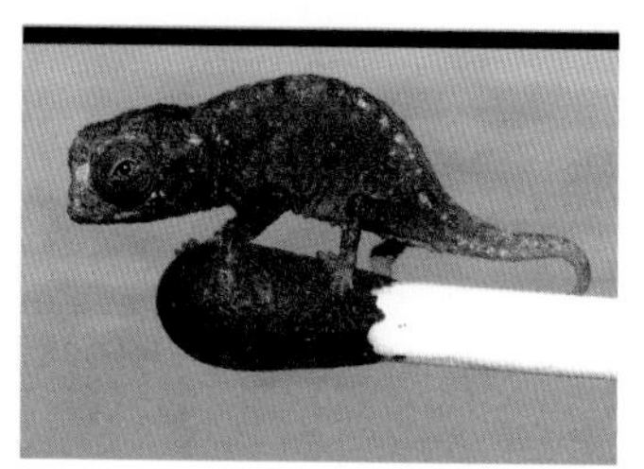

并不是所有爬行动物动作都非常敏捷，变色龙就是一个例子。当它们沿着树枝往上爬时，就像踉踉跄跄走向电线杆的醉汉，笨拙地左摇右晃。不过，变色龙反正不赶时间，它们脚上的动作虽然慢，舌头却快得很，因为它们也用和蛙一样的方式捕食。

舌头上有吸盘

变色龙的舌头也很长，某些种类的变色龙舌头甚至比全身还要长。不过变色龙的舌头并不像在一般图片上所看到的那样盘绕在嘴里，而是像橡皮筋一样会伸缩。一旦发现美味的昆虫，变色龙就会弹出舌头来，舌头厚厚的末端类似吸盘，能把猎物黏附在上面。变色龙弹射舌头的时间只有十分之一秒，昆虫一瞬间就消失在它们嘴里了。为了能侦测猎物的方位，变色龙的眼睛非常敏锐，甚至连身体后方的物体都逃不过它们的眼睛。想象一下，你可以一只眼睛看着前方，同时用另一只眼睛看着后方吗？怎么样，头晕了吧？变色龙却办得到呢！

色彩会说话

但是变色龙的特殊能力可不止如此而已，改变皮肤的色彩更是它们出了名的特技。变色龙不仅通过改变体色伪装自己，也利用体色调节体温。天气炎热时，皮肤变成明亮的色彩，有利于反射阳光；天气寒冷时，皮肤就变成深暗的颜色，以便吸收更多热量。

但更重要的是，变色龙还会利用颜色向

同类传达信息。发情的雄变色龙希望以艳丽的色彩吸引雌变色龙，当竞争对手出现时，它们就会秀出耀眼的颜色，双方往往也会像骑士一样冲向对方。

激烈的对战：雄性三角变色龙的外形就像迷你恐龙。

这只豹变色龙一副生气的模样。

栖息在马达加斯加岛上的奥力士变色龙，体长可达 70 厘米。

变色龙怎样变色？

变色龙鳞下的真皮是由好几层色素细胞层组成的，就好像一座座小型的化学工厂，不同的工厂生产不同的色素，并且储存在微小的囊里。神经则根据变色龙的情绪把信息传递给特定的色素细胞，这时工厂就会打开仓库，显出颜色来。视当下有哪些活跃色素层而定，变色龙会显现出黄、红、黑或蓝等体色。如果有两层颜色同时显现，就会产生绿色或橘色等混合色。释放的色素越多，变色龙的体色就越暗。反之，如果所有的色素层都没有颜色，变色龙的身体就会呈现白色。

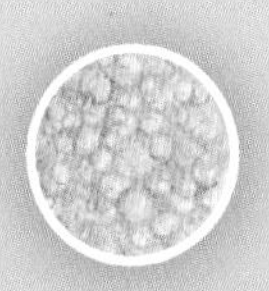
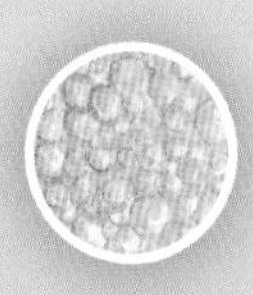
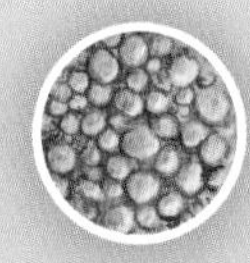
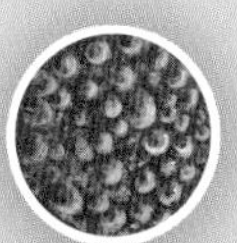

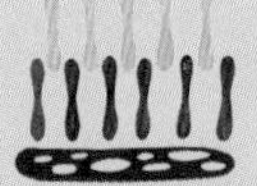
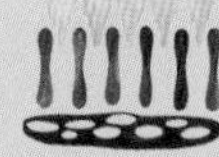

德国的爬行动物

欧洲泽龟

欧洲也有龟？没错，真的有——只可惜已经快要灭绝了。欧洲泽龟除了需要潮湿的环境，还需要另外一处干燥的沙地供产卵用，但这种干湿相邻的环境在德国已经越来越少。在德国，有好几个州的动物保护人士正试着重新培育这种龟。

捷蜥蜴

这种壮硕的蜥蜴喜欢斜坡、沙石场或草原等干燥而温暖的环境。在求偶季节，雄性捷蜥蜴会炫耀它们绿色的腹部，雌蜥蜴的腹部则是低调的黄褐色。捷蜥蜴和许多蜥蜴一样，遇到危险时会自动断尾逃生。

极北蝰

这种唯一还生活在德国北部的毒蛇，生性胆小，运气好的时候才能看到它们。极北蝰的特征是背上的锯齿状图案，不过也有单色的。健康的成人被它们咬到并不危险，但小朋友可得小心了！好在近 50 年来在德国只出现过一次死亡案例。

水　蛇

水蛇是中欧最常见的蛇，它们最容易辨识的特征无疑是后脑上的黄色半月形。水蛇体长可超过 1 米，但它们一点也不危险。它们爱吃两栖动物，尤其是林蛙和大蟾蜍。水蛇大多生活在水域附近，也是游泳高手。

盲蛇蜥

盲蛇蜥看起来虽然像蛇,但它们却不是蛇。面临危险时，它们也会断尾求生，但只能断一次，不像蜥蜴的尾巴那样能够多次再生，所以我们最好不要随意触碰它们。

胎生蜥蜴

它们喜欢寒冷：除了极北蝰，胎生蜥蜴是唯一一种在北极圈以内还能见到的爬行动物。它们和捷蜥蜴的区别在于身形较为纤细。为了能在寒冷的气候下成功繁殖，雌性胎生蜥蜴会在体内孵蛋，幼蜥在出生时或出生后不久就从蛋膜里钻出来。

不可思议！

欧洲泽龟正面临灭绝的命运，但一些外来的动物数量却越来越多。动物进口商从美洲和亚洲进口成千上万只宠物龟，那些还不到巴掌大的幼龟深受人们喜爱。可惜它们不是永远这么小巧可爱，总有一天饲养它们的人会感到厌烦，毕竟龟很容易就可以活到 75 岁。虽然弃养宠物在德国是违法的，这些外来物种还是常常被人丢弃到户外，结果在某些大城市，这些外来物种的数量甚至比原生的两栖动物还要多。

鳞光闪闪的问答题

很多爬行动物会以土色调的外衣作伪装，避免被天敌伤害；另一些则以鲜艳的图案装饰自己，以便吸引雌性或警告天敌。你能根据这些鳞片图案认出它们分别是哪种动物吗？下面的每一幅图，都是将本书中的图片局部放大后的效果。

1 淤泥般的褐色虽然不是最新流行，却是极佳的伪装。

2 是谁穿着这身美丽的绿色皮衣？

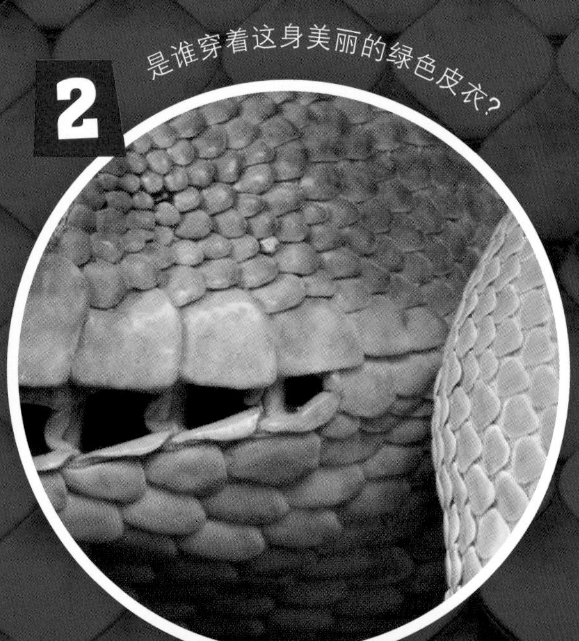

3 用醒目的黄底黑斑吓跑天敌的是哪种动物？

4
一身绿衣的蜥蜴，保证穿着永远得体。
5
土色既实用又不落伍：是谁用这种图案来伪装自己？
6
覆盆子红在爬行动物里也能吸引大家的目光。
7
这套鳞片装色泽看起来有点淡。
8
哪种爬行动物穿着这套漂亮又时尚的鳞片装？
答案
1.奥力士变色龙（第43页）2.绿树蟒（第40页）3.不是爬行动物，是多彩铃蟾。（第21页）4.捷蜥蜴（第44页）5.眼斑巨蜥（第34页）6.豹变色龙（第43页）7.大壁虎（第38页）8.红海龟（第30页）

名词解释

壁虎的足趾构造很特殊，在爬坡时可以提供良好的抓地力。

飞　蜥：爬行动物中一种小且多样的类别，它们和美洲鬣蜥是近亲。

美西钝口螈：一种栖息在墨西哥的两栖动物，终其一生都维持着幼体的形态。

求　偶：雄性动物在交配期争取雌性的行为。

无足目：和无尾目、有尾目同属两栖动物。

查尔斯·达尔文：1809—1882，他是英国著名的生物学家，也是进化论的奠基人，曾经搭乘“小猎犬号”考察船环游世界。

进　化：又称演化，生物经过一代又一代逐渐形成的发展、变化。

脊椎动物：有脊椎骨的动物。

铃　蟾：一种原始的无尾目动物。

壁　虎：一种蜥蜴目动物，体型从小到中等都有，它们甚至能在光滑的平面上爬行。

加拉帕戈斯群岛：又称科隆群岛。位于太平洋，距离厄瓜多尔海岸相当远，当地拥有许多独一无二的物种。

墨西哥湾暖流：大西洋中一种温暖的洋流，从墨西哥湾延伸到欧洲。

同类相食：指在大自然中，有些动物吃与自己相同物种的行为。

鳃：使动物可以在水下呼吸的器官，这种器官通常呈扇形，表面宽广，其中的血液能吸收水中的氧气。

泄殖腔：动物身体中消化、排泄与生殖器官的共同开口。

肺　鱼：肺鱼有鳃也有肺，因此能在干燥的环境中存活一段时间。陆生脊椎动物都是从肺鱼演化而来的。

有尾目：终生有尾的两栖动物，主要包括蝾螈、小鲵和大鲵。

卵：本书中指包覆着一层黏滑物质的鱼卵或两栖动物的卵。

幼　体：已在母体内成形或脱离母体不久的生命体。

两栖动物：既能在水中生活也能在陆地生活的动物。

山椒鱼：虽然名字中有“鱼”字，但它们实际上不是鱼，而是两栖动物。

变　态：两栖动物从蝌蚪或有尾的幼体发育为成体的变化过程。

色素细胞：身体里微小的“色素工厂”，可以使身体表面变换出不同的颜色，通常位于皮肤中。

竞争对手：为了争夺地盘、食物或雌性而打斗的同类动物。

鸣　囊：位于蛙类、蟾蜍的咽喉处或嘴巴两侧，能制造声响的气囊。

分泌液：由特定器官（腺体）分泌的体液。

喷毒眼镜蛇：一种能向天敌喷射毒液的蛇。

巨　蜥：体型大且动作敏捷的蜥蜴，是爬行动物中的运动高手。

无尾目：成年后尾巴会消失的两栖动物。

长吻鳄：一种吻部细长的鳄鱼，目前仅存一种。

图片来源说明 /images sources:
Archiv Tessloff：24中下，31中下，43右下，Fotolia：46/47（Hg.-JG Design），Getty：9左上（D.Kindersley），15中右（x2-C. Ruoso/JH Editorial），15中下（A.Sarti），29中上（J.W.Lang），34中左（C.Dingle），41中右（Jim Merli Kollektion：Visuals Unlimited），47右上，Juniors Bildarchiv：3右上，3左上（J.-L. Klein & M.-L.Hubert），3中上（J.-L.Klein & M.-L.Hubert），5（Hg.-R.Dirscherl），9右上（M.Gunther/Biosphoto），11右上（M.Danegger），13中上（H.Farkaschovsky），15右下（E.Hoyer），15中右（O.Giel），20左下（W.Layer），24中右（R.Kunz），33中右（C.Steimer），35中上（P.Oxford），35中下（M.Carwardine），35中右（M.Carwardine），37右下（J. Freund），38上（J.-L.Klein & M.-L.Hubert），39中上（B.Cole），39中右（S.Dalton/Photoshot），39中下（S.Muller），40（Hg.-J.-L.Klein & M.-L.Hubert），42上（Geduldig，Bildagentur），44右下（S.E.Arndt），44 中左（Geduldig，Bildagentur），45中（W.Rohdich），45左上（S.Muller），45中右（H.Bielfeld），46左下（J.-L.Klein & M.-L.Hubert/Juniors），47中右（J.-L. Klein & M.-L.Hubert/Juniors），Juniors Bildarchiv/Photoshot：2右上（S.Dalton），2右下（S.Dalton），3中（M.P.O'Neill），13（Hg.-K.Taylor），16上（S.Dalton），17中右（ANT），18下（S.Dalton），19右下（H. & V.Ingen），27左上（A.Rouse），27右上（A.Rouse），30（Hg.-M.P.O'Neill），30/31上，33右下（D.Heuclin），33右上（D.Heuclin），40右上（A.Bannister），41中（S.Dalton），41右下（D.Heuclin），47左下（M.P.O' Neill/Juniors），Juniors Bildarchiv / Photoshot / A. & A.Ferrari：3中右，43左下，43右上，46中左（Juniors），47中左（Juniors），Juniors Bildarchiv/WILDLIFE：12中上（L.Werle/4nature），13中上（W.Fiedler），13右上（D.Harms），17中左（A.Noellert），17左下（J.Kottmann），20上（R.Hoelzl），20中右（F.Teigler），21左上（W.Gamerith/4nature），21中右（D.Harms），21中（M.Hamblin），24左下（A.Rouse），24右下（Harpe），25中上（M.Niekisch），26右上（S.Eszterhas），26左（S.Muller），27左下（R.Kaufung），28/29（Hg.-Harpe），29右上（HPH），31中上（Visage），32右上（P.Oxford），39左上（A.Rouse），44中右（Mallwitz，J.），45右下（D.Harms），46右下（D.Harms），47左上（Mallwitz，J.），Moser，Stefan：11中右，Okapia：7右下（Natures Images/NAS），9中右（Malcolm Schuyl/FLPA），12右下（D.Heuclin/BIOS），43中（I.Arndt），Picture Alliance：3左下，4左上（T.Kitchin & V.Hurst/Evolve），4右下（J.W.Alker），7左上（Quagga Illustrations），7左下（WILDLIFE/de Francisco），10上（D.Harms/WILDLIFE），11中（akg-images），11左下（dieKLEINERT.de/Timur V.Levin TLT Trade），11中下（P.Grimm），12 中右（C.Austin），18右上（U.Deck），19右上（WILDLIFE/F.Teigler），21中下（A.Weigel），24/25上（Fotoreport），25中下（R.Wittek），32左下（Fotoreport），34右下（dieKLEINERT.de/A.Schiebel），35左上（Dinodia KPA72610），35右上（Okapia/T.Hagen），36左下（R.Strange/Anka Agency International），36中左，37左上（Bildagentur-online/Tips Images），37右上（Prisma Archivo），37左下（Koch），37中下（akg-images/A.Held），38中下（T.Marent/ardea.com/Mary Evans Picture Library），39左下（S.DALTON/Evolve/Photoshot），42左下（J.Köhler），Sander，Gesa：22/23，Shutterstock：1（J.McGraw），2中（N.Dodo），2中左（V. Korovin），4中（sunsinger），4右上（S.Chen），4左下（amadorgs），6中下（D.Ercken），8中下（reptiles4all），8/9（3x-V.Korovin），9左下（Nagy Dodo），9右下（S.Dmytro），10右下（SerranoStock），12左上（TessarTheTegu），14上（robert_s），14（E.Isselee），15右上（AC Rider），16左下（A.Maiquez），16/17（Hg.-Tungphoto），17右上（D.Ercken），19中左（J.Mintzer），19左下（reptiles4all），22/23（Hg.-1000 Words），22中左（haraldmuc），22 中右（M.Fowler），22右下（HLPhoto），23左下（D.Ott），23右下（azure），25右上（A.Korobov），25左下（E.Ramos），31右上（foryouinf），31左下（G.Caito），32/33（Hg.-leungchopan），36/37（Hg.-kostins），39（Hg.-J.Milanko），41中上（Dr. M.Read），44/45（Hg.-gabriel12），47右下（L.Kharlamova），48（pixbox77），Sol90Images：7中，8/9 中，Stanford University / BDML Stanford California：38右下
封面照片：U1：naturepl.com/Visuals Unlimited，
U4：Juniors Bildarchiv/R.Dirscherl
设计：independent Medien-Design

内 容 提 要

本书为读者介绍了爬行与两栖动物的特征与进化历史，并介绍了10多种典型的爬行与两栖动物。《德国少年儿童百科知识全书·珍藏版》是一套引进自德国的知名少儿科普读物，内容丰富、门类齐全，内容涉及自然、地理、动物、植物、天文、地质、科技、人文等多个学科领域。本书运用丰富而精美的图片、生动的实例和青少年能够理解的语言来解释复杂的科学现象，非常适合7岁以上的孩子阅读。全套图书系统地、全方位地介绍了各个门类的知识，书中体现出德国人严谨的逻辑思维方式，相信对拓宽孩子的知识视野将起到积极作用。

图书在版编目（CIP）数据

爬行与两栖动物 /（德）雅丽珊德拉·里国斯著 ；
赖雅静译. -- 北京 : 航空工业出版社, 2021.10（2024.2 重印）
（德国少年儿童百科知识全书 : 珍藏版）
ISBN 978-7-5165-2744-3

Ⅰ. ①爬… Ⅱ. ①雅… ②赖… Ⅲ. ①爬行纲一少儿读物②两栖动物一少儿读物 Ⅳ. ① Q959-49

中国版本图书馆 CIP 数据核字（2021）第 200055 号

著作权合同登记号
图字 01-2021-4054

Reptilien und Amphibien. Gecko, Grasfrosch und Waran
By Alexandra Rigos
© 2014 TESSLOFF VERLAG, Nuremberg, Germany, www.tessloff.com
© 2021 Dolphin Media, Ltd., Wuhan, P.R. China
for this edition in the simplified Chinese language
本书中文简体字版权经德国 Tessloff 出版社授予海豚传媒股份有限公司，由航空工业出版社独家出版发行。
版权所有，侵权必究。

爬行与两栖动物
Paxing Yu Liangqi Dongwu

航空工业出版社出版发行
（北京市朝阳区京顺路 5 号曙光大厦 C 座四层　100028）
发行部电话：010-85672663　010-85672683

鹤山雅图仕印刷有限公司印刷　　全国各地新华书店经售
2021 年 10 月第 1 版　　2024 年 2 月第 4 次印刷
开本：889×1194　1/16　　字数：50 千字
印张：3.5　　定价：35.00 元

船的故事

飞机的秘密

火山探秘

七大奇迹

汽车世界
鲨鱼家族

百变天气

穿越大自然

鲸和海豚

恐龙王国

矿物与岩石

爬行与两栖动物

大自然的力量

改变世界的电

各种各样的鱼

猫的家族

奇境森林

忠诚的狗

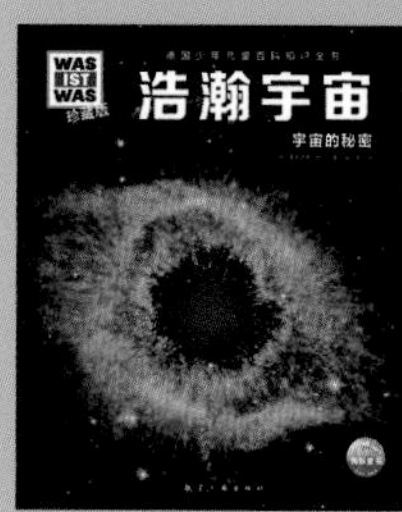
浩瀚宇宙

狼的故事

蚂蚁和白蚁

美丽的蝴蝶

蜜蜂和胡蜂

潜水的魅力

古老的希腊文明

古罗马生活

欧洲风情

骑士时代

舞动的音符

古老的城堡

熊的秘密生活

化石档案

奇妙的昆虫

极地世界

神秘的蜘蛛

大象王国

海底宝藏

海洋之谜

火星登陆

忙碌的农场

时尚魅影

全球气候